사이언스 리더스

변신쟁이 날씨

크리스틴 베어드 라티니 지음 | 송지혜 옮김

크리스틴 베어드 라티니 지음 | 22년 넘게 고대 그리스 신화, 재미있는 돈 이야기, 놀라운 동물 정보 등 교육과 관련한 다양한 주제를 탐구하며 어린이 잡지에 글을 쓰고 있다. 주로 매거진 《내셔널지오그래픽 키즈》에 기고한다.

송지혜 옮김 | 부산대학교에서 분자생물학을 전공하고, 고려대학교 대학원에서 과학언론학으로 석사 학위를 받았다. 현재 어린이를 위한 과학책을 쓰고 옮기고 있다.

이 책은 미국기상연구대학연합의 제프 웨버가 감수하였습니다.

내셔널지오그래픽 키즈 사이언스 리더스
LEVEL 1 변신쟁이 날씨

1판 1쇄 찍음 2024년 12월 20일 1판 1쇄 펴냄 2025년 1월 15일
지은이 크리스틴 베어드 라티니 옮긴이 송지혜 펴낸이 박상희 편집장 전지선 편집 이혜진 디자인 신현수
펴낸곳 (주)비룡소 출판등록 1994.3.17.(제16-849호) 주소 06027 서울시 강남구 도산대로1길 62 강남출판문화센터 4층
전화 02)515-2000 팩스 02)515-2007 홈페이지 www.bir.co.kr 제품명 어린이용 반양장 도서 제조자명 (주)비룡소
제조국명 대한민국 사용연령 3세 이상 ISBN 978-89-491-6905-7 74400 / ISBN 978-89-491-6900-2 74400 (세트)

NATIONAL GEOGRAPHIC KIDS READERS LEVEL 1 WEATHER by Kristin Baird Rattini
Copyright © 2013 National Geographic Partners, LLC.
Korean Edition Copyright © 2025 National Geographic Partners, LLC.
All rights reserved.
NATIONAL GEOGRAPHIC and Yellow Border Design are trademarks of
the National Geographic Society, used under license.
이 책의 한국어판 저작권은 National Geographic Partners, LLC.에 있으며, (주)비룡소에서 번역하여 출간하였습니다.
저작권법에 의해 한국 내에서 보호를 받는 저작물이므로 무단 전재와 무단 복제를 금합니다.

이 책의 차례

오늘의 날씨는?

창문을 활짝 열고 하늘을 봐.

오늘 **날씨**는 어때?

날씨를 알면 오늘 무슨 옷을 입을지,

어떤 일을 할지 정할 수 있어.

날씨에 따라 우리 생활이 많이 달라지기

때문이야.

그런데 도대체 날씨가 뭘까?

날씨란 뭘까?

창밖의 하늘을 다시 한번 잘 살펴보자.

햇볕이 쨍쨍 내리쬐고 있니? 아니면

까만 먹구름이 가득하니? 비가 주룩주룩

내리거나, 눈이 펑펑 올 수도 있겠다!

이처럼 그날그날 비, 구름, 바람이 나타나는
밖의 모습을 날씨라고 해.
날씨는 하루에도 몇 번씩 바뀔 수 있어.
여름에 비가 쏟아지다가 언제 그랬냐는 듯이
해가 비추는 것처럼 말이야.

햇볕이 쨍쨍

태양은 날씨가 나타날 때 가장 중요한 일을
해. 태양 빛이 지구를 따뜻하게 만들면
공기가 움직이게 돼. 그에 따라 바람, 구름,
비 같은 것이 나타나지.

태양 빛이 비추는 지구의 온도는 생명체가
살기에 딱 좋아. 식물은 태양 빛을 받으며
쑥쑥 커. 동물은 다 자란 식물을 먹으며 점점
튼튼해진단다.

햇빛이 따사로운 맑은 날은 무척 즐거워.
밖에서 신나게 놀 수 있으니까!
공원에 가서 뛰놀까? 씽씽 자전거를 타는
건 어때? 햇빛이 뜨거우면 물놀이를 하면서
더위를 식히면 돼!

여러 가지 구름

맑은 날 하늘에서 뭉게뭉게 피어나는
흰색 구름을 '쌘구름(적운)'이라고 해.

날씨 용어 풀이

물방울: 작고
동글동글한 물의 덩이.

공기 중에는 우리 눈에 보이지 않는 작은
물방울들이 떠다녀. 그러다가 서로 뭉쳐서
구름이 되지. 구름은 모양과 크기가 다양해.

구름을 보면 날씨를 알 수 있어. 날씨가 좋으면
파란 하늘에 솜사탕처럼 하얀 구름이 떠.

하늘에 낮게 깔린 회색 구름은

비를 몰고 오지.

담요를 펼쳐 놓은 것처럼 편평한
회색 구름은 '층구름(층운)'이라고 해.

어떤 구름은
듬성듬성 난
머리카락같이 생겼어.
이 구름은 맑은 날
높은 하늘에 떠 있단다.

새털처럼 가볍게 떠다녀서
'새털구름(권운)'이라고 해.

빗방울이 뚝뚝뚝!

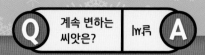

뚝, 뚝, 뚝. 이게 무슨 소리야?

구름 속의 물방울이 **비**가 되어 내리는 소리!
비는 날씨가 따뜻할 때도, 시원할 때도 내려.

비는 길가에 첨벙첨벙 웅덩이를 만들어.
강과 연못을 채워서 마실 물도 주지. 그래서
동물과 식물이 살아가려면 비가 꼭 필요해.

덜덜덜! 찬바람이 쌩쌩 부는 추운 날이야.

이런 날에는 구름 속의 물방울도 꽁꽁 얼어서

얼음 알갱이가 되지. 이때 무거워진 얼음

알갱이가 땅으로 떨어지는 걸 **눈**이라고 해.

얼음 알갱이는 **눈발**이 되어 마구 날리거나,

우박이 되어 우수수 떨어지기도 해.

우박이 뭐냐고? 구름 속 얼음 알갱이가 큰

얼음덩어리가 되어 떨어지는 거야.

번개가 번쩍, 천둥이 우르르 쾅!

번쩍! 어두운 밤하늘의 구름 사이로 **번개**가 쳤어. 번개는 아주 뜨겁게 흐르는 **전기**야. 구름에서 땅을 향해 내리치면서 하늘을 밝혀.

번개가 치고 나면 늘 '우르르 쾅!' 하는 우렁찬 소리가 들려. 이 소리를 **천둥**이라고 하지. 사람들은 천둥소리에 깜짝 놀라기도 해.

날씨 용어 풀이

전기: 우리 눈에 보이지 않는 작은 알갱이인 전자가 움직일 때 생겨나는 에너지.

알록달록 무지개

우아, 비바람이 지나가자 하늘에 아름다운
무지개가 떴어. 무지개는 햇빛과 공기 중에
떠다니던 빗방울이 만나면서 생겨.

무지개가 하늘에 빨강, 주황, 노랑, 초록,

파랑, 보라색의 예쁜 띠를 그렸네! 너는 어떤

색깔이 제일 좋아?

6 가지 이상하고 요란한 날씨

1 비가 많이 와서 땅에 물이 흘러넘치는 걸 홍수라고 해.

2 우박은 구름에서 떨어지는 얼음덩어리야. 어떤 건 야구공만큼 커!

3 태풍이 오면 비가 엄청 많이 내리고, 아주 센 바람이 불어.

4

깔때기 모양으로 소용돌이치는 강력한
회오리바람을 토네이도라고 해.

날씨 용어 풀이

깔때기: 윗부분은
넓고 아랫부분은 좁은
나팔 모양의 기구.

5

바람에 휘몰아쳐 가루처럼 날리는 눈을
눈보라라고 해. 눈보라가 치면
앞을 보기 어려워.

6

가뭄은 오랫동안
비가 내리지 않아
메마른 날씨야.

바람 타고 씽씽!

바람은 공기의 움직임이야. 바람은 세기에
따라 이름이 달라. 가볍게 부는 바람은
산들바람, 아주 센 바람은 강풍이라고 해.

바람은 눈에 보이지 않지만 힘이 있어.

바람의 힘을 알맞게 쓰면 연을 날릴 수 있지.

바람은 힘으로 구름과 비를 밀어내기도 해.

날씨와 나의 하루

오늘 날씨를 알고
어떤 물건을 챙길지
생각해 봐.
햇볕이 따갑다면
선글라스를 챙겨 보자.
비가 내리는 날에는
장화를 신는 게 좋을 거야.
바깥에 흰눈이 소복이
쌓였다면 장갑을 준비해.
신나는 눈싸움을 할 수
있으니까!

Q 하늘에는 개가 몇 마리 있을까?

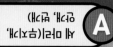

A 세 마리(해님개, 먹구름개, 눈개)

사진 속에 있는 건 무엇?

날씨와 관련된 것들을 아주 가까이에서 찍은 사진이야. 사진 아래의 설명을 읽고, 무엇인지 알아맞혀 봐. 잘 모르겠으면 [보기]의 힌트를 보면서 생각해도 좋아! 정답은 31쪽 아래에 있어.

1
햇볕이 쨍쨍한 날에
눈을 보호하기 위해서 써.

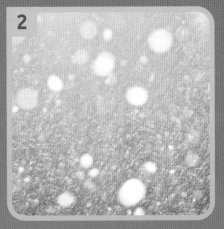

2
구름 속의 물방울이 꽁꽁 얼어서
내리는 거야.

[보기] 비, 눈, 선글라스, 우산, 구름, 번개

비가 내릴 때 꼭 필요해.

구름에서 땅을 향해
내리치는 전기야.

모양과 크기가 다양해.

구름에서 떨어지는 물방울이야.

물방울
작고 동글동글한 물의 덩이.

눈발
눈이 힘차게 죽죽 내리는 상태.

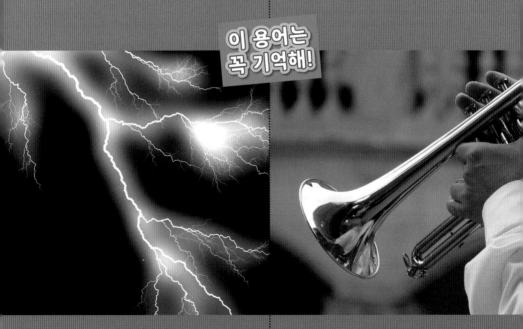

이 용어는
꼭 기억해!

전기
우리 눈에 보이지 않는 작은
알갱이인 전자가 움직일 때
생겨나는 에너지.

깔때기
윗부분은 넓고 아랫부분은 좁은
나팔 모양의 기구.